·林木种质资源技术规范丛书·
丛书主编：郑勇奇 林富荣

（2-1）

樟树种质资源
描述规范和数据标准

DESCRIPTORS AND DATA STANDARD FOR CAMPHOR GERMPLASM RESOURCES

【CINNAMOMUM CAMPHORA (L.) PRESL】

江香梅　林富荣 / 主编

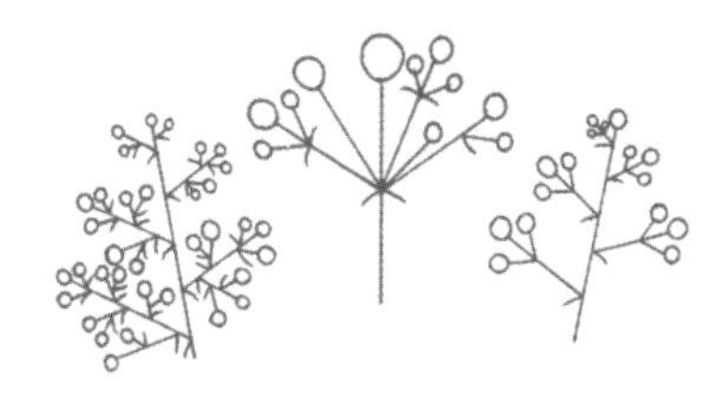

中国林业出版社

图书在版编目(CIP)数据

樟树种质资源描述规范和数据标准 / 江香梅，林富荣主编. －北京：中国林业出版社，2017. 4
ISBN 978-7-5038-8957-8

Ⅰ. ①樟… Ⅱ. ①江…②林… Ⅲ. ①樟树－种质资源－描写－规范 ②樟树－种质资源－数据－标准 Ⅳ. ①S792. 23-65

中国版本图书馆 CIP 数据核字(2017)第 067626 号

中国林业出版社·环境园林出版分社
责任编辑：何增明　张　华

出版发行：中国林业出版社(100009　北京西城区德内大街刘海胡同 7 号)
网　　址：http://lycb. forestry. gov. cn
电　　话：(010)83143566
印　　刷：固安县京平诚乾印刷有限公司
版　　次：2018 年 4 月第 1 版
印　　次：2018 年 4 月第 1 次
开　　本：710mm×1000mm　1/16
印　　张：4. 5
字　　数：100 千字
定　　价：29. 00 元

林木种质资源技术规范丛书总编辑委员会

《樟树种质资源描述规范和数据标准》编委会

主　编　江香梅　林富荣

副主编　田　径　邱凤英　甘　然　彭钊平
　　　　　章　挺

执笔人　江香梅　田　径　邱凤英　甘　然
　　　　　彭钊平　章　挺　林富荣

审稿人　李文英　宗亦臣

林木种质资源技术规范丛书

总前言 PREFACE

林木种质资源是林木育种的物质基础，是林业可持续发展和维护生物多样性的重要保障，是国家重要的战略资源。中国林木种质资源种类多、数量大，在国际上占有重要地位，是世界上树种和林木种质资源最丰富的国家之一。

我国的林木种质资源收集保存与资源数字化工作始于20世纪80年代，至2015年年底，国家林木种质资源平台已累计完成7万余份林木种质资源的整理和共性描述。与我国林木种质资源的丰富程度相比，林木种质资源相关技术规范依然缺乏，尤其是特征特性描述规范严重滞后，远不能满足我国林木种质资源规范描述和有效管理的需求。林木种质资源的特征特性描述为育种者和资源使用者广泛关注，对林木遗传改良和良种生产具有重要作用。因此，开展林木种质资源技术规范丛书的编撰工作十分必要。

林木种质资源技术规范的制定是实现我国林木种质资源工作的标准化、数字化、信息化，实现林木种质资源高效管理的一项重要任务，也是林木种质资源研究和利用的迫切需要。其主要作用是：①规范林木种质资源的收集、整理、保存、鉴定、评价和利用；②评价林木种质资源的遗传多样性和丰富度；③提高林木种质资源整合的效率，实现林木种质资源的共享和高效利用。

林木种质资源技术规范丛书是我国首次对林木种质资源相关工

作和重点林木树种种质资源的描述进行规范，旨在为林木种质资源的调查、收集、编目、整理、保存等工作提供技术依据。

林木种质资源技术规范丛书的编撰出版，是国家林木(含竹藤、花卉)种质资源平台的重要任务之一，受到科技部平台中心、国家林业局等主管部门指导，并得到中国林业科学研究院和平台参加单位的大力支持，在此谨致诚挚的谢意。

由于本书涉及范围较广，难免有疏漏之处，恳请读者批评指正。

总编辑委员会

2016 年 4 月

前言 PREFACE

樟树[*Cinnamomum camphora*（L.）Presl]是樟科(Lauraceae)樟属(*Cinnamomum* L.)的常绿乔木，高可达30 m，分布区域为北纬10°～34°，东经88°～122°，海拔0～1100 m。樟树原产于中国长江流域以南各地，尤其台湾最多；越南、韩国、日本也有分布，很多国家有引种栽培。

樟树是一个广布种和常见种，对其开发利用由来已久，主要用于绿化、用材和提取樟脑、樟树油及其衍生物等。随着环境、资源问题的日益突出和科学技术的迅速发展，樟树作为一种天然油料树种越来越受到人们的关注。樟树富含多种芳香油(精油)且含量高，根据樟树形态上的细微差异以及枝叶精油种类和含量差异的表现稳定性，将樟树划分出7个化学型，即樟脑型、龙脑型、柠檬醛型、1,8-桉叶油型、芳樟醇型、异橙花椒醇型、黄樟素。除叶片化学成分的差异外，我们正寻求更多的研究方法对樟树的类型进行鉴别，从微观构造、DNA分析等方面为樟树类型的有效鉴定、植物新品种和知识产权保护等提供实验依据。

樟树种质资源描述规范和数据标准的制定是国家林木(含竹藤、花卉)种质资源平台数据整理、整合的一项重要内容。制定统一的樟树种质资源描述规范标准，有利于整合全国樟树种质资源，规范樟树种质资源的收集、整理和保存等基础性工作，创造良好的资源和信息共享环境和条件；有利于保护和利用樟树种质资源，充分挖掘其潜在的社会价值、经济价值和生态价值，促进我国樟树种质资源的有序利用和高效发展。

樟树种质资源描述规范规定了樟树种质资源的描述符及其分级标准，以便对樟树种质资源进行标准化整理和数字化表达。樟树种质资源数据标准规定了樟树种质资源各描述符的字段名称、类型、长度、小数位、代码等，以便建立统一规范的樟树种质资源数据库。樟树种质资源数据质量控制规范规定了樟树种质资源数据采集全过程中的质量控制内容和质量控制方法，以保证数据的系统性、可比性和可靠性。

《樟树种质资源描述规范和数据标准》由江西省林业科学院、国家林业局樟树工程技术研究中心主持编写，并得到了全国樟树科研、教学和生产单位的大力支持。在编写过程中，参考了国内外相关文献，由于篇幅所限，书中仅列主要参考文献，在此一并致谢。由于编著者水平有限，错误和疏漏之处在所难免，敬请批评指正。

编者

2017年2月8日

目录 CONTENTS

樟树种质资源描述规范和数据标准制定的原则和方法

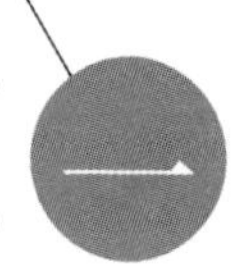

1 樟树种质资源描述规范制定的原则和方法

1.1 原则

1.1.1 以种质资源规范化描述为目的，兼顾科学性、可行性和前瞻性。

1.1.2 以种质资源研究和育种需求为出发点，兼顾生产与市场的需求。

1.1.3 以种质资源利用者的需求为出发点，考虑资源保存者的实际现状。

1.1.4 以便于林木种质资源管理和共享利用为出发点，促进数字化、信息化建设。

1.2 方法和要求

1.2.1 描述符类别分为6类

1 基本信息

2 生物学特性

3 品质特性

4 抗逆性

5 抗病虫性

6 其他特征特性

1.2.2 描述符代号由描述符类别加两位顺序号组成，如“110”“208”“501”。

1.2.3 描述符性质分为3类。

M 必填描述符(所有种质必须鉴定评价的描述符)

O 可选描述符(可选择鉴定评价的描述符)

C　条件描述符(只对特定种质进行鉴定评价的描述符)

1.2.4　描述符的代码应是有序的，如数量性状从细到粗、从低到高、从少到多、从弱到强、从差到好排列，颜色从浅到深、抗性从强到弱等。

1.2.5　每个描述符应有一个基本的定义或说明。数量性状标明单位，质量性状应有评价标准和等级划分。

1.2.6　植物学形态描述符一般附模式图。

1.2.7　重要数量性状以数值表示。

2　樟树种质资源数据标准制定的原则和方法

2.1　原则

2.1.1　数据标准中的描述符与描述规格相一致。

2.1.2　数据标准优先考虑现有数据库的数据标准。

2.2　方法和要求

2.2.1　数据标准中的代号与描述规范中的代号一致。

2.2.2　字段名最长12位。

2.2.3　字段类型分字符型(C)、数值型(N)和日期型(D)。日期型的格式为YYYYMMDD。

2.2.4　经度的类型为N，格式为DDDFFMM；纬度的类型为N，格式为DDFFMM。其中D为度，F为分，M为秒；东经以正数表示，西经以负数表示；北纬以正数表示，南纬以负数表示。如“1213640”“-392116”。

3　樟树种质资源数据质量控制规范制定的原则和方法

3.1.1　采集的数据应具有系统性、可比性和可靠性。

3.1.2　数据质量控制以过程控制为主，兼顾结果控制。

3.1.3　数据质量控制方法具有可操作性。

3.1.4　鉴定评价方法以现行国家标准和行业标准为首选依据；如无国家标准和行业标准，则以国际标准或国内比较公认的先进方法为依据。

3.1.5　每个描述符的质量控制应包括田间设计，样本数或群体大小，时间或时期，取样数和取样方法，计量单位、精度和允许误差，采用的鉴定评价规范和标准，采用的仪器设备，性状的观测和等级划分方法，数据校验和数据分析。

樟树种质资源描述简表

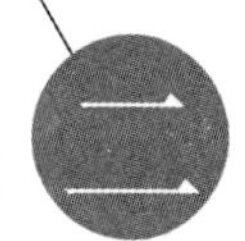

序号	代号	描述字段	描述符性质	单位或代码
1	101	资源流水号	M	
2	102	资源编号	M	
3	103	种质名称	M	
4	104	种质外文名	O	
5	105	科中文名	M	
6	106	科拉丁名	M	
7	107	属中文名	M	
8	108	属拉丁名	M	
9	109	种中文名	M	
10	110	种拉丁名	M	
11	111	原产地	M	
12	112	省(自治区、直辖市)	O	
13	113	国家	M	
14	114	来源地	M	
15	115	归类编码	O	
16	116	资源类型	M	1:野生资源(群体、种源) 2:野生资源(家系) 3:野生资源(个体、基因型) 4:地方品种 5:选育品种 6:遗传材料 7:其他
17	117	主要特性	M	1:高产 2:优质 3:抗病 4:抗虫 5:抗逆 6:高效 7:其他
18	118	主要用途	M	1:材用 2:食用 3:药用 4:防护 5:观赏 6:其他

（续）

序号	代号	描述字段	描述符性质	单位或代码
19	119	气候带	M	1:热带　2:亚热带　3:温带
20	120	生长习性	M	1:喜光　2:耐盐碱　3:喜水肥　4:耐干旱
21	121	开花结实特性	M	
22	122	特征特性	M	
23	123	具体用途	M	
24	124	观测地点	M	
25	125	繁殖方式	M	1:有性繁殖(种子繁殖)　2:有性繁殖(胎生繁殖)　3:无性繁殖(扦插繁殖)　4:无性繁殖(嫁接繁殖)　5:无性繁殖(根繁)　6:无性繁殖(分蘖繁殖)
26	126	选育(采集)单位	C	
27	127	育成年份	C	
28	128	海拔	M	m
29	129	经度	M	
30	130	纬度	M	
31	131	土壤类型	O	
32	132	生态环境	O	
33	133	年均温度	O	℃
34	134	年均降水量	O	mm
35	135	图像	M	
36	136	记录地址	O	
37	137	保存单位	M	
38	138	单位编号	M	
39	139	库编号	O	
40	140	引种号	O	
41	141	采集号	O	
42	142	保存时间	M	YYYYMMDD
43	143	保存材料类型	M	1:植株　2:种子　3:营养器官(穗条、根穗等)　4:花粉　5:培养物(组培材料)　6:其他
44	144	保存方式	M	1:原地保存　2:异地保存　3:设施(低温库)保存
45	145	实物状态	M	1:良好　2:中等　3:较差　4:缺失
46	146	共享方式	M	1:公益性　2:公益借用　3:合作研究　4:知识产权交易　5:资源纯交易　6:资源租赁　7:资源交换　8:收藏地共享　9:行政许可　10:不共享
47	147	获取途径	M	1:邮递　2:现场获取　3:网上订购　4:其他
48	148	联系方式	M	

（续）

序号	代号	描述字段	描述符性质	单位或代码
49	149	源数据主键	O	
50	150	关联项目及编号	M	
51	201	生活型	M	1:乔木　2:小乔木
52	202	植株冠形	M	1:圆头形　2:塔形
53	203	生长势	M	1:弱　2:中　3:强
54	204	腋芽着生状态	M	1:单生　2:并生
55	205	老枝皮色	M	1:浅褐色　2:褐色　3:深褐色　4:灰绿色　5:其他
56	206	老枝皮腺	M	0:无　1:有
57	207	新梢颜色	M	1:黄绿　2:绿　3:微红　4:红　5:紫红　6:其他
58	208	嫩叶正面颜色	M	1:黄绿　2:绿　3:微红　4:红　5:紫红　6:其他
59	209	叶柄长	M	cm
60	210	叶长	M	cm
61	211	叶宽	M	cm
62	212	三出脉离基长度	M	cm
63	213	叶色	M	1:浅绿　2:绿　3:浓绿　4:微红　5:其他
64	214	叶形	M	1:卵圆　2:倒卵圆　3:椭圆　4:长椭圆　5:长卵圆　6:其他
65	215	叶片平展度	M	1:平展　2:皱褶　3:上卷
66	216	叶尖形状	M	1:急尖　2:渐尖　3:急尾尖　4:渐尾尖　5:其他
67	217	叶基形状	M	1:尖形　2:楔形　3:广楔形　4:广圆形
68	218	侧脉末端形态	M	1:交叉　2:不交叉
69	219	叶背被毛	M	0:无　1:稀疏　2:中等　3:密
70	220	叶面被毛	M	0:无　1:稀疏　2:中等　3:密
71	221	叶腺	M	0:无　1:有
72	222	花序类型	M	1:圆锥花序　2:聚伞花序　3:聚伞圆锥花序
73	223	花序:毛	M	0:无　1:有
74	224	花序分枝数量	M	
75	225	花序长度	M	cm
76	226	花序花数	M	
77	227	果形	M	1:卵球形　2:近球形　3:其他
78	228	果实大小	M	1:小　2:中　3:大
79	229	果序果数	M	

（续）

序号	代号	描述字段	描述符性质	单位或代码
80	230	果托	M	1:短　2:中　3:长
81	231	果实颜色	M	1:红紫色　2:绿色　3:黑色　4:其他
82	232	种子表皮	M	1:凹凸不平　2:平滑
83	233	繁殖特性	M	1:实生　2:嫁接　3:嫩枝扦插　4:硬枝扦插　5:压条　6:根插　7:组织培养　8:分株　9:其他
84	234	分枝能力	M	1:低　2:中等　3:强
85	235	萌芽期	M	月 日
86	236	始花期	M	月 日
87	237	盛花期	M	月 日
88	238	末花期	M	月 日
89	239	果实成熟期	M	月 日
90	301	叶精油含量	M	1:低　2:中　3:高
91	302	精油:桉叶油素含量	M	1:低　2:中　3:高
92	303	精油:芳樟醇含量	M	1:低　2:中　3:高
93	304	精油:樟脑含量	M	1:低　2:中　3:高
94	305	精油:龙脑含量	M	1:低　2:中　3:高
95	306	精油:松油醇含量	M	1:低　2:中　3:高
96	307	精油:异橙花椒素	M	1:低　2:中　3:高
97	401	耐寒性	M	1:极强　2:强　3:中　4:弱　5:极弱
98	402	耐涝性	M	1:极强　2:强　3:中　4:弱　5:极弱
99	501	樟树梢卷叶蛾虫害抗性	M	1:高抗　2:抗病　3:中抗　4:感病　5:高感
100	502	白粉病抗性	M	1:高抗　2:抗病　3:中抗　4:感病　5:高感
101	601	花粉粒	O	
102	602	指纹图谱与分子标记	O	
103	603	核型	O	
104	604	备注	O	

樟树种质资源描述规范

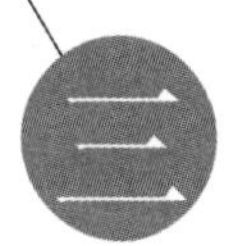

1 范围

本规范规定了樟树种质资源的描述符及其分级标准。

本规范适用于樟树种质资源的收集、整理和保存，数据标准和数据质量控制规范的制定以及数据库和信息共享网络系统的建立。

2 规范性引用文件

下列文件中的条款通过本规范的引用而成为本规范的条款。凡是注日期的引用文件，其随后所有的修改单(不包括勘误的内容)或修订版均不适用于本规范，然而，鼓励根据本规范达成协议的各方研究是否可使用这些文件的最新版本。凡是不注日期的引用文件，其最新版适用于本规范。

GB/T 2260—2007　中华人民共和国行政区划代码

GB/T 2659—2000　世界各国和地区名称代码

GB/T 12404—97　单位隶属关系代码

GB/T 14072—1993　林木种质资源保存原则与方法

LY/T 2192—2013　林木种质资源共性描述规范

DB36/T 955—2017　樟树优良化学类型选择技术规程

3 术语和定义

3.1 樟树

樟树[*Cinnamomum camphora*（L.）Presl]为樟科(Lauraceae)樟属(*Cinna-*

momum)常绿高大乔木，主干通直，树冠宽大，树型美观，根系发达，萌芽力强，抗逆性和抗病虫害能力强，能吸收硫化氢、氟化氢等有害气体，并能防风、滞尘、隔音、杀菌、驱虫，是我国南方优良用材、城市绿化和生态防护林建设的重要树种；也是重要的经济树种，富含多种芳香油(精油)，在香料、医药和化工合成方面具有广泛的用途。

3.2 樟树种质资源

樟树种、变种、品种群、品系、品种等。

3.3 基本信息

樟树种质资源基本情况描述信息，包括资源编号、种质名称、学名、原产地、种质类型等。

3.4 形态特征和生物学特性

樟树种质资源的植物学形态、产量和物候期等特征特性。

3.5 品质特性

樟树种质资源的品质性状包括叶片精油含量和叶精油中第一主成分的含量。

3.6 抗逆性

樟树种质资源对各种非生物胁迫的适应或抵抗能力，包括抗寒性和抗涝性。

3.7 抗病虫性

樟树种质资源对各种生物胁迫的适应或抵抗能力，包括樟树梢卷叶蛾虫害和白粉病。

3.8 樟树的发育年周期

樟树在一年中随外界环境条件的变化而出现一系列的生理和形态变化，并呈现一定的生长发育规律性。这种随着气候而变化的生命活动过程，称为年发育周期，樟树的年发育周期可分为营养生长期和生殖生长期。营养生长期包括萌芽期和展叶期。有5%的芽萌发，并开始露出幼叶为萌芽期。5%的幼叶展开为展叶期。生殖生长期包括始花期、盛花期、末花期和果实成熟期。5%的花全部开放为始花期，25%的花全部开放为盛花期，75%的花全部开放为末花期。25%的果实成熟，呈现出该品种固有的大小、性状和颜色等为果实成熟期。

3.9 樟树精油成分分析

樟树叶片精油含量，精油中桉叶油素、樟脑、龙脑、松油醇和异橙花椒素的含量。

4 基本信息

4.1 资源流水号

樟树种质资源进入数据库自动生成的编号。

4.2 资源编号

樟树种质资源的全国统一编号。由15位符号组成，即树种代码(5位)+保存地代码(6位)+顺序号(4位)。

树种代码：采用树种学名(拉丁名)的属名前2位字母+种名前3位字母组成，即CICAM；

保存地代码：是指资源保存地所在县级行政区域的代码，按照GB/T 2260－2007的规定执行；

顺序号：该类资源在保存库中的顺序号。

4.3 种质名称

每份樟树种质资源的中文名称。

4.4 外文名

国外引进樟树种质资源的外文名，国内种质资源不填写。

4.5 科中文名

樟科

4.6 科拉丁名

Lauraceae

4.7 属中文名

樟属

4.8 属拉丁名

Cinnamomum

4.9 种名或亚种名

樟树

4.10 种拉丁名

Cinnamomum camphora (L.) Presl

4.11 原产地

国内樟树种质资源的原产县、乡、村、林场名称。依照GB/T 2260－2007的要求，填写原产县、自治县、县级市、市辖区、旗、自治旗、林区的名称以及具体的乡、村、林场等名称。

4.12 省

国内樟树种质资源原产省份，依照GB/T 2260－2007的要求，填写原产省、直辖市和自治区的名称；国外引种樟树种质资源原产国家（或地区）一级行政区的名称。

4.13 国家

樟树种质资源的原产国家或地区的名称，依照 GB/T 2659－2000 中的规范名称填写。

4.14 来源地

国外引进的樟树种质资源的来源国家名称、地区名称或国际组织名称；国内樟树种质资源的来源省、县名称。

4.15 归类编码

采用国家自然科技资源共享平台编制的《自然科技资源共性描述规范》，依据其中“植物种质资源分级归类与编码表”中林木部分进行编码（11 位）。樟树的归类编码是 11131115101。

4.16 资源类型

樟树种质资源的类型。

1 野生资源（群体、种源）
2 野生资源（家系）
3 野生资源（个体、基因型）
4 地方品种
5 选育品种
6 遗传材料
7 其他

4.17 主要特性

樟树种质资源的主要特性。

1 高产
2 优质
3 抗病
4 抗虫
5 抗逆
6 高效
7 其他

4.18 主要用途

樟树种质资源的主要用途。

1 材用
2 药用

3 防护

4 观赏

5 其他

4.19 气候带

樟树种质资源原产地所属气候带。

1 热带

2 亚热带

3 温带

4.20 生长习性

描述樟树在长期自然选择中表现的生长、适应或喜好。

4.21 开花结实特性

樟树种质资源的开花和结实周期。

4.22 特征特性

樟树种质资源可识别或独特性的形态、特性。

4.23 具体用途

樟树种质资源具有的特殊价值和用途。

4.24 观测地点

樟树种质资源形态、特性观测和测定的地点。

4.25 繁殖方式

樟树种质资源的繁殖方式。

1 有性繁殖(种子繁殖)

2 有性繁殖(胎生繁殖)

3 无性繁殖(扦插繁殖)

4 无性繁殖(嫁接繁殖)

5 无性繁殖(根繁)

6 无性繁殖(分蘖繁殖)

4.26 选育(采集)单位

选育樟树品种的单位或个人(野生资源的采集单位或个人)。

4.27 育成年份

樟树品种育成的年份。

4.28 海拔

樟树种质原产地的海拔高度。单位为 m。

4.29 经度

樟树种质原产地的经度，格式为 DDDFFMM，其中 D 为度，F 为分，M 为秒；东经以正数表示，西经以负数表示。

4.30 纬度

樟树种质原产地的纬度，格式为 DDFFMM，其中 D 为度，F 为分，M 为秒；北纬以正数表示，南纬以负数表示。

4.31 土壤类型

樟树种质资源原产地的土壤条件，包括土壤质地、土壤名称、土壤酸碱度或性质等。

4.32 生态环境

樟树种质资源原产地的自然生态系统类型。

4.33 年均温度

樟树种质资源原产地的年平均温度，通常用当地最近气象台的近 30 ~ 50 年的年均温度。单位为℃。

4.34 年均降水量

樟树种质资源原产地的年均降水量，通常用当地最近气象台的近 30 ~ 50 年的年均降水量。单位为 mm。

4.35 图像

樟树种质资源的图像信息。图像格式为 . jpg。

4.36 记录地址

提供樟树种质资源详细信息的网址或数据库记录链接。

4.37 保存单位

樟树种质资源的保存单位名称(全称)。

4.38 单位编号

樟树种质资源在保存单位中的编号。

4.39 库编号

樟树种质资源在种质资源库或圃中的编号。

4.40 引种号

樟树种质资源从国外引入时的编号。

4.41 采集号

樟树种质资源在野外采集时的编号。

4.42 保存时间

樟树种质资源被收藏单位收藏或保存的时间，以“年月日”表示，格式为“YYYYMMDD”。

4.43 保存材料类型

保存的樟树种质材料的类型。

1　植株

2　种子

3　营养器官（穗条、根穗等）

4　花粉

5　培养物（组培材料）

6　其他

4.44　保存方式

樟树种质资源保存的方式。

1　原地保存

2　异地保存

3　设施（低温库）保存

4.45　实物状态

樟树种质资源实物的状态。

1　良好

2　中等

3　较差

4　缺失

4.46　共享方式

樟树种质资源实物的共享方式。

1　公益

2　公益借用

3　合作研究

4　知识产权交易

5　资源纯交易

6　资源租赁

7　资源交换

8　收藏地共享

9　行政许可

10　不共享

4.47　获取途径

获取樟树种质资源实物的途径。

1　邮递

2　现场获取

3　网上订购

4　其他

4.48　联系方式

获取樟树种质资源的联系方式。包括联系人、单位、邮编、电话、E-mail等。

4.49　源数据主键

链接樟树种质资源特性或详细信息的主键值。

4.50　关联项目及编号

樟树种质资源收集、选育或整合的依托项目及编号。

5　生物学特性

5.1　生活型

樟树长期适应综合生境条件，在形态上表现出来的生长类型。

1　乔木

2　小乔木

5.2　植株冠形

依据樟树主枝基角的开张角度、树体高度和枝条的生长方向等表现出的树冠形态(见图1)。

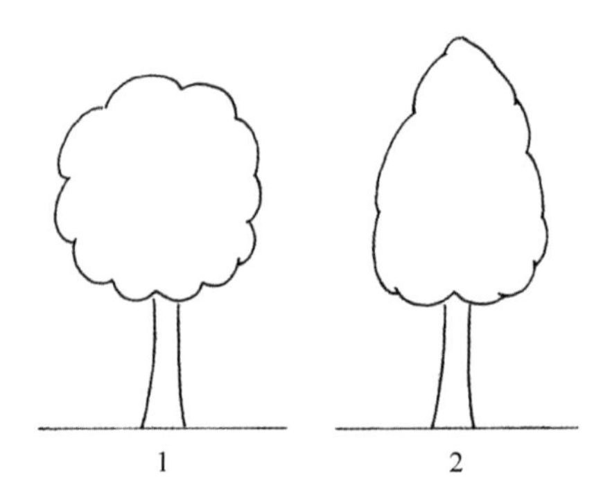

图1　樟树植株冠形

1　圆头形

2　塔形

5.3　生长势

在正常条件下樟树植株生长所表现出的强弱程度。

1　弱

2　中

3　强

5.4 腋芽着生状态

从叶腋所生出的定芽的着生状态。

1 单生

2 并生

5.5 老枝皮色

樟树老枝向阳面皮的颜色。

1 浅褐色

2 褐色

3 深褐色

4 灰绿色

5 其他

5.6 老枝皮腺

樟树老枝上是否附着皮腺。

0 无

1 有

5.7 新梢颜色

樟树一年生枝条的颜色。

1 黄绿

2 绿

3 微红

4 红

5 紫红

6 其他

5.8 嫩叶正面颜色

樟树新抽梢嫩叶片正面的颜色。

1 黄绿

2 绿

3 微红

4 红

5 紫红

6 其他

5.9 叶柄长

樟树叶柄的长度(见图2)。单位为cm。

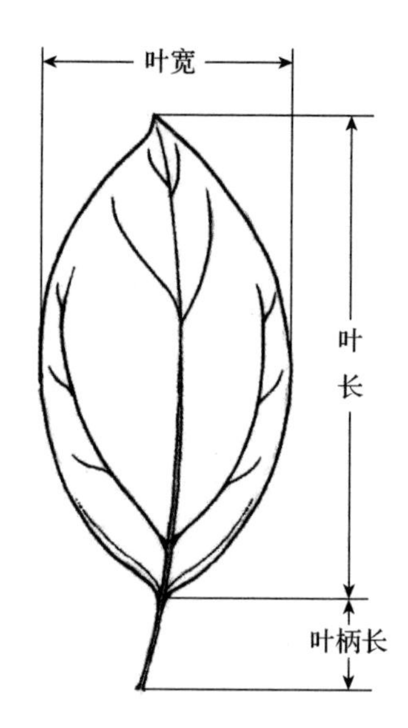

图 2　樟树叶长、宽和叶柄长

5. 10　叶长

樟树叶片基部与叶尖之间的最大距离(见图 2)。单位为 cm。

5. 11　叶宽

樟树叶片最宽处的宽度(见图 2)。单位为 cm。

5. 12　三出脉离基长度

离基三出脉离基长度(见图 2)。单位为 cm。

5. 13　叶色

樟树成熟叶片正面的颜色。

1　浅绿
2　绿
3　浓绿
4　微红
5　其他

5. 14　叶形

樟树叶片的形状(见图 3)。

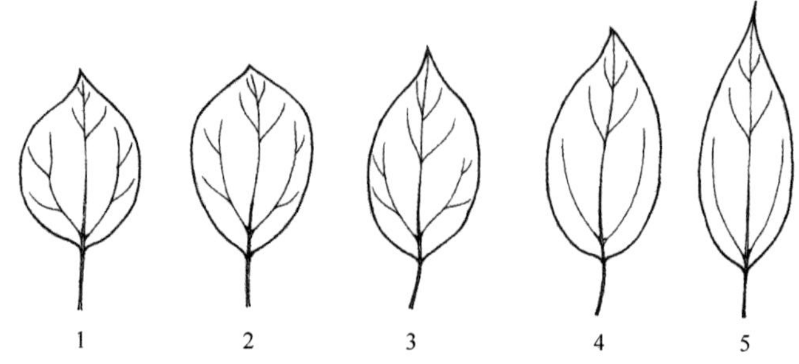

图 3　樟树叶片形状

1　卵圆
2　倒卵圆
3　椭圆
4　长椭圆
5　长卵圆
6　其他

5.15　叶面平展度

叶面平展程度。

1　平展
2　皱褶
3　上卷

5.16　叶尖形状

樟树叶片顶端的形状(见图4)。

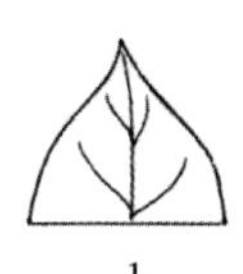
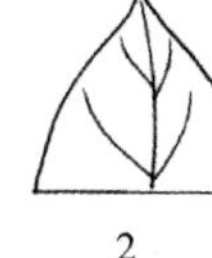
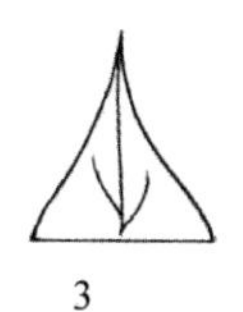
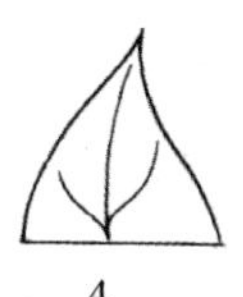

1　2　3　4

图4　樟树叶尖形状

1　急尖
2　渐尖
3　急尾尖
4　渐尾尖
5　其他

5.17　叶基形状

樟树叶片基部的形状(见图5)。

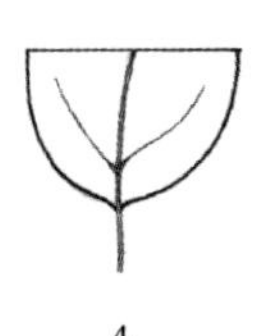

1　2　3　4

图5　樟树叶基形状

1　尖形
2　楔形

3 广楔形

4 广圆形

5.18 侧脉末端形态

樟树叶片上侧脉末端的分布状况(见图6)。

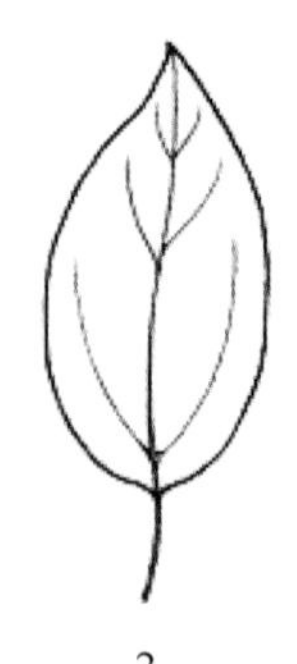

1　　　　2

图6 樟树侧脉末端形态

1 交叉

2 不交叉

5.19 叶背被毛

樟树叶片背面覆盖毛的多少。

0 无

1 稀疏

2 中等

3 密

5.20 叶面被毛

樟树叶片正面覆盖毛的多少。

0 无

1 稀疏

2 中等

3 密

5.21 叶腺

樟树叶脉上腺窝的有无。

0 无

1 有

5.22 花序类型

樟树花在花序梗上的排列情况(见图7)。

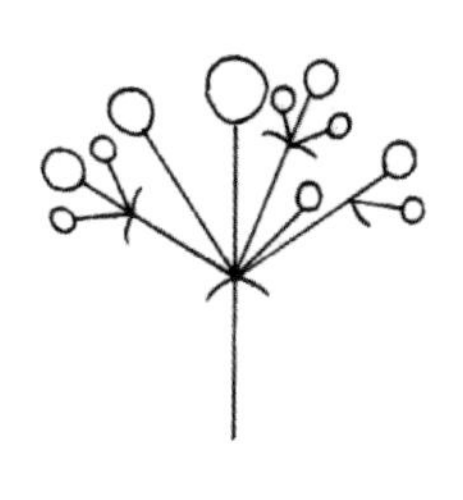
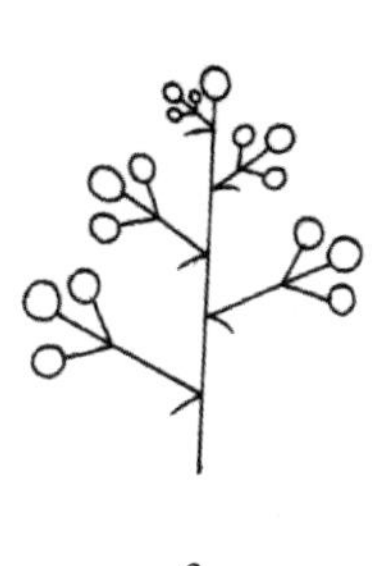

1　　　　　　　　2　　　　　　　　3

图 7　樟花序类型

1　圆锥花序

2　聚伞花序

3　聚伞圆锥花序

5.23　花序被毛

花序被毛情况。

0　无

1　有

5.24　花序分枝数量

花序轴上着生小花序梗的数量。单位为枝。

5.25　花序长度

花序梗基部到花序顶端的长度。单位为 cm。

5.26　花序花数

花序上着生花朵的数量。单位为朵。

5.27　果形

樟树种质果实成熟时的形状。

1　卵球形

2　近球形

3　其他

5.28　果实大小

樟树种质果实成熟时的大小。

1　小

2　中

3　大

5.29　果序果数

樟树种质果实成熟时果序上的果实数量。单位为颗。

5.30 果托

樟树种质果实成熟时果托的长短。

1 短
2 中
3 长

5.31 果实颜色

樟树种质果实成熟时的颜色。

1 红紫色
2 绿色
3 黑色
4 其他

5.32 种子表皮

樟树种质果实成熟时种子表面的形态。

1 凹凸不平
2 平滑

5.33 繁殖特性

樟树种质的繁殖方式。

1 实生
2 嫁接
3 嫩枝扦插
4 硬枝扦插
5 压条
6 根插
7 组织培养
8 分株
9 其他

5.34 分枝能力

樟树种质生长过程中分枝的能力。

1 低
2 中等
3 强

5.35 萌芽期

樟树由休眠转入生长的时间。以"月日"表示，格式为"MMDD"。

5.36 始花期

全树5%花全部开放的时间。以"月日"表示，格式为"MMDD"。

5.37　盛花期

全树 25% 的花全部开放的时间。以“月日”表示，格式为“MMDD”。

5.38　末花期

全树 75% 的花全部开放的时间。以“月日”表示，格式为“MMDD”。

5.39　果实成熟期

全树 25% 的果实成熟的时间，其大小、性状、颜色等表现出该品种固有的性状。以“月日”表示，格式为“MMDD”。

6　品质特性

6.1　叶精油含量

樟树叶片精油的含量。

评价标准		
1	低	（叶精油含量 <1.0%）
2	中	（叶精油含量 1.0%～3.0%）
3	高	（叶精油含量 >3.0%）

6.2　桉叶油素含量

樟树叶片精油中桉叶油素的含量。

评价标准		
1	低	（桉叶油素的含量 <15%）
2	中	（桉叶油素的含量 15%～30%）
3	高	（桉叶油素的含量 >30%）

6.3　芳樟醇含量

樟树叶片精油中芳樟醇的含量。

评价标准		
1	低	（芳樟醇的含量 <20%）
2	中	（芳樟醇的含量 20%～60%）
3	高	（芳樟醇的含量 >60%）

6.4　樟脑含量

樟树叶片精油中樟脑的含量。

评价标准		
1	低	（樟脑的含量 <20%）
2	中	（樟脑的含量 20%～50%）
3	高	（樟脑的含量 >50%）

6.5 龙脑含量

樟树叶片精油中龙脑的含量。

评价标准		
1	低	（龙脑含量 <2%）
2	中	（龙脑含量 2%～5%）
3	高	（龙脑含量 >5%）

6.6 松油醇含量

樟树叶片精油中松油醇的含量。

评价标准		
1	低	（松油醇含量 <2%）
2	中	（松油醇含量 2%～8%）
3	高	（松油醇含量 >8%）

6.7 异橙花椒醇

樟树叶片精油中异橙花椒醇的含量。

评价标准		
1	低	（异橙花椒醇含量 <15%）
2	中	（异橙花椒醇含量 15%～30%）
3	高	（异橙花椒醇含量 >30%）

7 抗逆性

7.1 耐寒性

樟树种质忍受低温的能力。

1 极强
2 强
3 中
4 弱
5 极弱

7.2 耐涝性

樟树种质忍受多湿水涝的能力。

1 极强
2 强
3 中
4 弱
5 极弱

8 抗病虫性

8.1 樟树梢卷叶蛾虫害抗性

樟树种质对樟树梢卷叶蛾虫害的抗性强弱。

1 高抗(HR)
2 抗病(R)
3 中抗(MR)
4 感病(S)
5 高感(HS)

8.2 白粉病抗性

樟树种质对白粉病的抗性强弱。

1 高抗(HR)
2 抗病(R)
3 中抗(MR)
4 感病(S)
5 高感(HS)

9 其他特征特性

9.1 花粉粒

樟树种质花粉粒的形状、大小和外壁纹饰形态。

9.2 指纹图谱与分子标记

樟树种质指纹图谱和重要性状的分子标记类型及其特征参数。

9.3 核型

表示染色体的数目、大小、形状和结构特征的公式。

9.4 备注

樟树种质特殊描述符或特殊代码的具体说明。

四 樟树种质资源数据标准

序号	代号	描述符	字段英文名	字段类型	字段长度	字段小数位	单位	代码	代码英文名	样例
1	101	资源流水号	Running number	C	20					1111C0003601000001
2	102	资源编号	Resource number	C	20					CICAM3601000001
3	103	种质名称	Accession name	C	30					江西南昌 1 #
4	104	种质外文名	Alien name	C	40					NO. 1 of JiangXi-NanChang
5	105	科中文名	Family name	C	10					樟科
6	106	科拉丁名	Corradin name	C	30					Lauraceae
7	107	属中文名	Genus name	C	40					樟属
8	108	属拉丁名	Epiphyllum	C	30					*Cinnamomum*
9	109	种名或亚种名	Species	C	50					樟树
10	110	种拉丁名	Latin name	C	30					*Cinnamomum camphora* (L.) Presl
11	111	原产地	Origin	C	20					南昌市
12	112	原产省	Province of origin	C	20					江西

（续）

序号	代号	描述符	字段英文名	字段类型	字段长度	字段小数位	单位	代码	代码英文名	样例
13	113	原产国	Country of origin	C	20					中国
14	114	来源地	Sample source	C	40					江西南昌
15	115	归类编码	Classify number	C	20					11131115101
16	116	资源类型	Biological status of accession	C	20			1:野生资源(群体、种源) 2:野生资源(家系) 3:野生资源(个体、基因型) 4:地方品种 5:选育品种 6:遗传材料 7:其他	1:Wild resource(population, provenance) 2:Wild resource(family) 3:Wild resource(individual, genotype) 4:Local varieties 5:Breeding varieties 6:Genetic material 7:Others	地方品种
17	117	主要特性	Key property	C	40			1:高产 2:优质 3:抗病 4:抗虫 5:抗逆 6:高效 7:其他	1:High yieid 2:High quality 3:Disease-resistant 4:Insect-resistant 5:Anti-adversity 6:High active 7:Others	优质
18	118	主要用途	Main use	C	40			1:材用 2:食用 3:药用 4:防护 5:观赏 6:其他	1:Timber-used 2:Edible 3:Officinal 4:Protection 5:Ornamental 6:Others	材用

（续）

序号	代号	描述符	字段英文名	字段类型	字段长度	字段小数位	单位	代码	代码英文名	样例
19	119	气候带	Climate zone	C	20			1:热带 2:亚热带 3:温带	1:Tropics 2:Subtropics 3:Temperate zone	温带
20	120	生长习性	Growth habit	C	50			1:喜光 2:耐盐碱 3:喜水肥 4:耐干旱	1:Light favoured 2:Salinity 3:Water-liking 4:Drought-resistant	喜光
21	121	开花结实特性	Characteristics of flowering and fruiting	M	100					5 年始花、大小年明显
22	122	特征特性	Characteristics	M	100					叶截形、树体高大、结实量大
23	123	具体用途	Specific use	C	40					材用
24	124	观测地点	Observation location	C	20					江西南昌
25	125	繁殖方式	Means of reproduction	M	50			1:有性繁殖(种子繁殖) 2:有性繁殖(胎生繁殖) 3:无性繁殖(扦插繁殖) 4:无性繁殖(嫁接繁殖) 5:无性繁殖(根繁) 6:无性繁殖(分蘖繁殖)	1:Sexual propagation(Seed reproduction) 2:Sexual propagation(Viviparous peproduction) 3:Asexual reproduction(Cutting propagation) 4:Asexual reproduction(Grafting propagation) 5:Asexual reproduction(Root) 6:Asexual reproduction(Tillering propagation)	有性繁殖(种子繁殖)
26	126	选育单位	Breeding institute	C	40					江西省林业科学院
27	127	育成年份	Releasing year	N	4	0				2014
28	128	海拔	Altitude	N	5	0	m			420

（续）

序号	代号	描述符	字段英文名	字段类型	字段长度	字段小数位	单位	代码	代码英文名	样例
29	129	经度	Longitude	N	8	0				1154655
30	130	纬度	Latitude	N	7	0				284512
31	131	土壤类型	Soil type	C	10					红壤
32	132	生态环境	Ecological environment	C	20					森林生态系统
33	133	年均温度	Average annual temperature	N	6	1	℃			18. 5
34	134	年均降水量	Average annual precipitation	N	6	0	mm			1200
35	135	图像	Image file name	C	30					1111C0003601000001-1. jpg
36	136	记录地址	Record address	C	30					
37	137	保存单位	Conservation institute	C	50					江西省林业科学院
38	138	单位编号	Conservation institute number	C	10					1
39	139	库编号	Base number	C	10					1
40	140	引种号	Introduction number	C	10					20140011
41	141	采集号	Collection number	C	10					2014360011
42	142	保存时间	Conservation time	D	8					20140101
43	143	保存材料类型	Donor material type	C	10			1:植株 2:种子 3:营养器官(穗条等) 4:花粉 5:培养物(组培材料) 6:其他	1:Plant 2:Seed 3:Vegetative organ(scion, root tuber, root whip) 4:Pollen 5:Culture(Tissue culture material) 6:Others	植株

（续）

序号	代号	描述符	字段英文名	字段类型	字段长度	字段小数位	单位	代码	代码英文名	样例
44	144	保存方式	Conservation mode	C	10			1:原地保存 2:异地保存 3:设施(低温库)保存	1:In situ conservation 2:Ex situ conservation 3:Low temperature preservation	原地保存
45	145	实物状态	Physical state	C	4			1:良好 2:中等 3:较差 4:缺失	1:Good 2:Medium 3:Poor 4:Defect	良好
46	146	共享方式	Sharing methods	C	20			1:公益性 2:公益借用 3:合作研究 4:知识产权交易 5:资源纯交易 6:资源租赁 7:资源交换 8:收藏地共享 9:行政许可 10:不共享	1:Public interest 2:Public borrowing 3:Cooperative research 4: Intellectual property rights transaction 5:Pure resources transaction 6:Resource rent 7:Resource dischange 8:Collection local share 9:Administrative license 10:Not share	公益性
47	147	获取途径	Obtain way	C	10			1:邮递 2:现场获取 3:网上订购 4:其他	1:Post 2:Captured in the field 3:Online ordering 4:Others	现场获取
48	148	联系方式	Contact way	C	40					
49	149	源数据主键	Key words of source data	C	30					

（续）

序号	代号	描述符	字段英文名	字段类型	字段长度	字段小数位	单位	代码	代码英文名	样例
50	150	关联项目	Related project	M	50					
51	201	生活型	Life form	C	10			1:乔木 2:小乔木	1:Large tree 2:Small tree	乔木
52	202	植株冠形	Plant crown	C	10			1:圆头形 2:塔形	1:Round type 2:Tower type	圆头形
53	203	生长势	Tree vigor	C	4			1:弱 2:中 3:强	1:Weak 2:Intermediate 3:Strong	强
54	204	腋芽着生状	Axil bud	C	4			1:单生 2:并生	1:Single 2:Two or three together buds	单生
55	205	老枝皮色	Old branch color	C	6			1:浅褐色 2:褐色 3:深褐色 4:灰绿色 5:其他	1:Brownish 2:Brown 3:Dark-brown 4:Gray-green 5:Others	深褐色
56	206	老枝皮腺	Old branch cutaneous gland	C	4			0:无 1:有	0:None 1:Have	有
57	207	新梢颜色	New shoot color	C	4			1:黄绿 2:绿 3:微红 4:红 5:紫红 6:其他	1:Yellow-greenish 2:Green 3:Reddish 4:Red 5:Purple red 6:Others	微红

（续）

序号	代号	描述符	字段英文名	字段类型	字段长度	字段小数位	单位	代码	代码英文名	样例
58	208	嫩叶正面颜色	Leaf surface color of new leaf	C	4			1:黄绿 2:绿 3:微红 4:红 5:紫红 6:其他	1:Yellow-greenish 2:Green 3:Reddish 4:Red 5:Purple red 6:Others	黄绿
59	209	叶柄长	Petiole length	N	4	1	cm			1. 5
60	210	叶长	Leaf length	N	4	1	cm			4. 5
61	211	叶宽	Leaf width	N	4	1	cm			2. 5
62	212	三出脉离基长度	Length of triple vein	N	4	1	cm			0. 3
63	213	叶色	Leaf color	C	6			1:浅绿 2:绿 3:浓绿 4:微红 5:其他	1:Greenish 2:Green 3:Dark green 4:Reddish 5:Others	绿
64	214	叶形	Leaf shape	C	8			1:卵圆 2:倒卵圆 3:椭圆 4:长椭圆 5:长卵圆 6:其他	1:Ovate 2:Obovate 3:Elliptic 4:Long elliptic 5:Long ovate 6:Others	卵形
65	215	叶片平展度	Leaf flat expand status	C	4			1:平展 2:皱褶 3:上卷	1:Flat 2:Crinkle 3:Upcurling	平展

（续）

序号	代号	描述符	字段英文名	字段类型	字段长度	字段小数位	单位	代码	代码英文名	样例
66	216	叶尖形状	Leaf apices shape	C	6			1:急尖 2:渐尖 3:急尾尖 4:渐尾尖 5:其他	1:Acute 2:Acuminate 3:Acute cauda 4:Acuminate cauda 5:Others	渐尖
67	217	叶基形状	Leaf bases shape	C	6			1:尖形 2:楔形 3:广楔形 4:广圆形	1:Cuspate 2:Cuneate 3:Wide cuneate 4:Wide round	楔形
68	218	侧脉末端形态	Side-vein morphotype	C	6			1:交叉 2:不交叉	1:Crossed 2:Uncrossed	交叉
69	219	叶背被毛	Hair of leaf low surface	C	4			0:无 1:稀疏 2:中等 3:密	0:None 1:Few 2:Middle 3:Density	无
70	220	叶面被毛	Hair of leaf surface	C	4			0:无 1:稀疏 2:中等 3:密	0:None 1:Few 2:Middle 3:Density	无
71	221	叶腺	Petiole gland	C	4			0:无 1:有	0:None 1:Have	
72	222	花序类型	Type of anthotaxy	C	8			1:圆锥花序 2:聚伞花序 3:聚伞圆锥花序	1:Panicles 2:Cymes 3:Thyrsus	圆锥花序

（续）

序号	代号	描述符	字段英文名	字段类型	字段长度	字段小数位	单位	代码	代码英文名	样例
73	223	花序:毛	Anthotaxy:hair					0:无 1:有	0:None 1:Yes	无
74	224	花序分枝数量	Branching number of Inflo-rescencer	N	4		枝			2
75	225	花序长度	Length of anthotaxy	N	4		cm			4.5
76	226	花序花数	Flower number of anthotaxy	N	4		朵			12
77	227	果形	Fruit shape	C	6			1:卵球形 2:近球形 3:其他	1:Ovoid 2:Nearly spherical 3:Others	近球形
78	228	果实大小	Fruit size	C	10			1:小 2:中 3:大	1:Small 2:Middle 3:Big	中
79	229	果序果数	Fruit number of infructes-cence	N	10		颗			8
80	230	果托	Fruit tray	C	4			1:短 2:中 3:长	1:Short 2:Middle 3:Long	短
81	231	果实颜色	Fruit color	C	10			1:红紫色 2:绿色 3:黑色 4:其他	1:Red purple 2:Green 3:Blank 4:Others	黑色
82	232	种子表皮	Seed coat	C	10			1:凹凸不平 2:平滑	1:Rugged 2:Smooth	平滑

（续）

序号	代号	描述符	字段英文名	字段类型	字段长度	字段小数位	单位	代码	代码英文名	样例
83	233	繁殖特性	Propagation method	C	8			1:实生 2:嫁接 3:嫩枝扦插 4:硬枝扦插 5:压条 6:根插 7:组织培养 8:分株 9:其他	1:Seedling 2:Graft 3:Softwood cutting 4:Hardwood cutting 5:Layer 6:Root cutting 7:Tissue culture 8:Sucker 9:Others	实生
84	234	分枝能力	Ability for branching	C	4			1:低 2:中等 3:强	1:Poor 2:Middle 3:Strong	强
85	235	萌芽期	Bud break date	D	8					3 月 13 日
86	236	始花期	Beginning bloom date	D	8					4 月 12 日
87	237	盛花期	Full bloom date	D	8					4 月 27 日
88	238	末花期	End bloom date	D	8					5 月 4 日
89	239	果实成熟期	Mature date	D	8					10 月 15 日
90	301	叶精油含量	Essential oil content of leaf	N	4			1:低 2:中 3:高	1:Low 2:Middle 3:High	高
91	302	精油:桉叶油素含量	Cineole content	N	4			1:低 2:中 3:高	1:Low 2:Middle 3:High	中

（续）

序号	代号	描述符	字段英文名	字段类型	字段长度	字段小数位	单位	代码	代码英文名	样例
92	303	精油:芳樟醇含量	Linalool content	N	4			1:低 2:中 3:高	1:Low 2:Middle 3:High	中
93	304	精油:樟脑含量	Camphor content	N	4			1:低 2:中 3:高	1:Low 2:Middle 3:High	高
94	305	精油:龙脑含量	Borneol content	N	4			1:低 2:中 3:高	1:Low 2:Middle 3:High	高
95	306	精油:松油醇含量	Terpineol content	N	4			1:低 2:中 3:高	1:Low 2:Middle 3:High	中
96	307	精油:异橙花椒醇	Iso-nerolidol content	N	4			1:低 2:中 3:高	1:Low 2:Middle 3:High	中
97	401	耐寒性	Tolerance to cold hardness	C	4			1:极强 2:强 3:中 4:弱 5:极弱	1:Extremely strong 2:Strong 3:Intermediate 4:Poor 5:Extremely poor	强

（续）

序号	代号	描述符	字段英文名	字段类型	字段长度	字段小数位	单位	代码	代码英文名	样例
98	402	耐涝性	Tolerance to cold water logging	C	4			1:极强 2:强 3:中 4:弱 5:极弱	1:Extremely strong 2:Strong 3:Intermediate 4:Poor 5:Extremely poor	强
99	501	樟梢卷叶蛾虫害抗性	Resistant to camphor treetop roll moth pests	C	4			1:高抗 2:抗病 3:中抗 4:感病 5:高感	1:High resistance 2:Resistance 3:Moderate resistant 4:Susceptibility 5:High susceptibility	抗病
100	502	白粉病抗性	Resistant to powdery mildew	C	4			1:高抗 2:抗病 3:中抗 4:感病 5:高感	1:High resistance 2:Resistance 3:Moderate resistant 4:Susceptibility 5:High susceptibility	抗病
101	601	花粉粒	Pollen shape	C	10					
102	602	指纹图谱与分子标记	Finger printing and molecular marker	C	60					
103	603	核型	Karyotype	C	40					
104	604	备注	Remarks	C	60					

樟树种质资源数据质量控制规范

1　范围

本规范规定了樟树种质资源数据采集过程的质量控制内容和方法。

本规范适用于樟树种质资源的整理、整合和共享。

2　规范性引用文件

下列文件中的条款通过本规范的引用而成为本规范的条款。凡是注日期的引用文件，其随后所有的修改单(不包括勘误的内容)或修订版均不适用于本规范，然而，鼓励根据本规范达成协议的各方研究是否可使用这些文件的最新版本。凡是不注日期的引用文件，其最新版适用于本规范。

GB/T 2260—2007　中华人民共和国行政区划代码

GB/T 2259—2000　世界各国和地区名称代码

GB/T 14072—1993　林木种质资源原则与方法

LY/T 2192—2013　林木种质资源共性描述规范

PB 36/T 955—2017　樟树优良化学类型选择技术规程

3　数据质量控制的基本方法

3.1　形态特征和生物学特性鉴定条件

3.1.1　鉴定地点

鉴定地点的环境条件应能够满足樟树植株的正常生长及其性状的正常

表达。

3.1.2　鉴定时间

根据樟树的生长周期和物候期，结合各鉴定项目的要求，确定最佳的鉴定时间。数量性状鉴定不少于2年。

3.1.3　鉴定株数

鉴定株数一般不少于3株。抗逆性和抗病虫性状根据具体观测方法而定。

3.2　数据采集

形态特征和生物学特性观测试验原始数据的采集应在种质正常生长的情况下获得。如遇自然灾害等因素严重影响植株正常生长，应重新进行观测试验和数据采集。

3.3　鉴定数据统计分析和校验

每份种质的形态特征、生物学特性和品质特性等观测数据依据对照品种进行校验。根据观测校验值，计算每份种质性状的平均值、变异系数和标准差，并进行方差分析，判断试验结果的稳定性和可靠性。取校验的平均值作为该种质的性状值。

4　基本信息

4.1　资源流水号

樟树种质资源进入数据库自动生成的编号。

4.2　资源编号

樟树种质资源的全国统一编号。由15位符号组成，即树种代码(5位)+保存地代码(6位)+顺序号(4位)。

树种代码：采用树种学名(拉丁名)的属名前2位字母+种名前3位字母组成，即CICAM；

保存地代码：是指资源保存地所在县级行政区域的代码，按照GB/T 2260—2007的规定执行；

顺序号：该类资源在保存库中的顺序号。

示例：CICAM(樟树树种代码)360100(江西南昌市)0001(保存顺序号)

4.3　种质名称

每份樟树种质资源的中文名称。

4.4　种质外文名

国外引进樟树种质的外文名，国内种质资源不填写。

4.5　科中文名

种质资源在植物分类学上的中文科名，如“樟科”。

4.6 科拉丁名

种质资源在植物分类学上科的拉丁文，拉丁文用正体，如“Lauraceae”。

4.7 属中文名

种质资源在植物分类学上的学名(拉丁名)和中文属名，如“樟属”。

4.8 属拉丁名

种质资源在植物分类学上属的拉丁文，拉丁文用斜体，如“*Cinnamomum*”。

4.9 种名或亚种名

种质资源在植物分类学上的中文名或亚种名，如“樟树”。

4.10 种拉丁名

种质资源在植物分类学上的拉丁文，拉丁文用斜体，如“*Cinnamomum camphora* (L.) Presl”。

4.11 原产地

国内樟树种质资源的原产县、乡、村、林场名称。依照 GB/T 2260—2007 的要求，填写原产县、自治县、县级市、市辖区、旗、自治旗、林区的名称以及具体的乡、村、林场等名称。

4.12 省

国内樟树种质资源原产省份，依照 GB/T 2260—2007 的要求，填写原产省(自治区、直辖市)的名称；国外引种樟树种质资源原产国家(或地区)一级行政区的名称。

4.13 国家

樟树种质资源的原产国家或地区的名称，依照 GB/T 2259—2000 中的规范名称填写，如该国家已不存在，应在原国家名称前加(原)如(原苏联)。国际组织名称用该组织的外文名缩写，如“FAO”。

4.14 来源地

国外引进的樟树种质资源的来源国、地区或国际组织名称；国内樟树种质资源的来源省(自治区、直辖市)、县名称。

4.15 资源归类编码

采用国家自然科技资源共享平台编制的《自然科技资源共性描述规范》，依据其中“植物种质资源分级归类与编码表”中林木部分进行编码(11 位)。樟树的归类编码是 11131115101。

4.16 资源类型

保存的樟树种质资源的类型。

1 野生资源(群体、种源)

2 野生资源(家系)
3 野生资源(个体、基因型)
4 地方品种
5 选育品种
6 遗传材料
7 其他

4.17 主要特性

樟树种质资源的主要特性。

1 高产
2 优质
3 抗病
4 抗虫
5 抗逆
6 高效
7 其他

4.18 主要用途

樟树种质资源的主要用途。

1 材用
2 药用
3 防护
4 观赏
5 其他

4.19 气候带

樟树种质资源原产地所属气候带。

1 热带
2 亚热带
3 温带

4.20 生长习性

樟树种质资源的生长习性。描述林木在长期自然选择中表现的生长、适应或喜好。如常绿乔木、直立生长、喜光、耐盐碱、喜水肥、耐干旱等。

4.21 开花结实特性

樟树种质资源的开花和结实周期，如始花期、始果期、结果大小年周期、花期等。

4.22 特征特性

樟树种质资源可识别或独特性的形态、特性，如叶卵圆形、树体塔形。

4.23 具体用途

樟树种质资源具有的特殊价值和用途。如生态防护树种、用材、纸浆材、种子可榨取工业用油、园林绿化等。

4.24 观测地点

樟树种质资源形态、特性观测测定的地点。

4.25 繁殖方式

樟树种质资源的繁殖方式，包括有性繁殖、无性繁殖等。

1 有性繁殖(种子繁殖)
2 有性繁殖(胎生繁殖)
3 无性繁殖(扦插繁殖)
4 无性繁殖(嫁接繁殖)
5 无性繁殖(根繁)
6 无性繁殖(分蘖繁殖)

4.26 选育(采集)单位

选育樟树品种的单位或个人/野生资源的采集单位或个人。

4.27 育成年份

品种选育成功的年份，野生资源不填写。

4.28 海拔

樟树种质资源原产地的海拔高度。单位为m。

4.29 经度

樟树种质资源原产地的经度，格式为DDDFFMM，其中D为度，F为分，M为秒，东经以正数表示，西经以负数表示。

4.30 纬度

樟树种质资源原产地的纬度，格式为DDFFMM，其中D为度，F为分，M为秒，北纬以正数表示，南纬以负数表示。

4.31 土壤类型

樟树种质资源原产地的土壤条件，包括土壤质地、土壤名称、土壤酸碱度或性质等。

4.32 生态环境

樟树种质资源原产地的自然生态系统类型。

4.33 年均温度

樟树种质资源原产地的年平均温度，通常用当地最近气象台的近30～50年的年均温度。单位为℃。

4.34 年均降水量

樟树种质资源原产地的年均降水量，通常用当地最近气象台的近 30 ~ 50 年的年均降水量。单位为 mm。

4.35 图像

樟树种质资源的图像文件名，图像格式为 . jpg。图像文件名由资源流水号加半连号“ - ”加序号加“. jpg”。多个图像文件名之间用英文分号分隔。资源图像主要包括植株、叶片、花、果实以及能够表现种质资源特异性状的照片。图像清晰，图片文件大小应在 1Mb 以上。

4.36 记录地址

提供樟树种质资源详细信息的网址或数据库记录链接。

4.37 保存单位

樟树种质资源的保存单位名称(全称)。

4.38 单位编号

樟树种质资源在保存单位中的编号，单位编号在同一单位应具有唯一性。

4.39 库编号

樟树种质资源在种质资源库或圃中的编号。

4.40 引种号

樟树种质资源从国外引入时的编号。

4.41 采集号

樟树种质资源在野外采集时的编号。

4.42 保存时间

樟树种质资源被收藏单位收藏或保存的时间。以“年月日”表示，格式为“YYYYMMDD”。

4.43 保存材料类型

保存的樟树种质材料的类型。

1 植株

2 种子

3 营养器官(穗条、根穗等)

4 花粉

5 培养物(组培材料)

6 其他

4.44 保存方式

樟树种质资源保存的方式。

1 原地保存

2　异地保存

3　设施(低温库)保存

4.45　实物状态

樟树种质资源实物的状态。

1　良好

2　中等

3　较差

4　缺失

4.46　共享方式

樟树种质资源实物的共享方式。

1　公益性

2　公益借用

3　合作研究

4　知识产权交易

5　资源纯交易

6　资源租赁

7　资源交换

8　收藏地共享

9　行政许可

10　不共享

4.47　获取途径

获取樟树种质资源实物的途径。

1　邮递

2　现场获取

3　网上订购

4　其他

4.48　联系方式

获取樟树种质资源的联系方式。包括联系人、单位、邮编、电话、E-mail 等。

4.49　源数据主键

链接樟树种质资源特性或详细信息的主键值。

4.50　关联项目

樟树种质资源收集、选育或整合的依托项目及编号，可写多个项目，用分号隔开。

5 形态特征和生物学特性

5.1 生活型

对综合生境条件长期适应而在形态上表现出来的生长类型。

1 乔木

2 小乔木

5.2 植株冠形

依据樟树主枝基角的开张角度、树体高度和枝条的生长方向等表现出的树冠的形态(见图 1)。

1 圆头形

2 塔形

5.3 生长势

选取 3 株生长正常的植株，采用目测的方法，观察树体的高度，树干的粗度及其枝条的长度和粗度，综合判定其生长势。

1 弱

2 中

3 强

5.4 腋芽着生状态

从叶腋所生出的定芽的着生状态。

1 单生

2 并生

5.5 老枝皮色

采取樟树老枝 10 枝，采用目测法，观察枝条向阳面颜色。

1 浅褐色

2 褐色

3 深褐色

4 灰绿色

5 其他

5.6 老枝皮腺

樟树老枝上是否附着皮腺。

0 无

1 有

5.7 新梢颜色

采取樟树一年生枝条 10 枝，采用目测法，观察枝条向阳面颜色。

1 黄绿
2 绿
3 微红
4 红
5 紫红
6 其他

5.8 嫩叶正面颜色

采取樟树新抽梢嫩叶片，采用目测法，观察叶片正面颜色。

1 黄绿
2 绿
3 微红
4 红
5 紫红
6 其他

5.9 叶柄长

在夏季，取树冠外围生长枝中部成熟叶 10 片，测量叶片的叶柄长度，计算其平均值。单位为 cm，精确到 0.1 cm。

5.10 叶长

以 5.9 采集的材料为样本，测量叶片从叶基部至叶尖的平均距离。单位为 cm，精确到 0.1 cm。

5.11 叶宽

以 5.9 采集的材料为样本，测量叶片最宽处的宽度。单位为 cm。

5.12 三出脉离基长度

以 5.9 采集的材料对样本，测量叶片离基三出脉离基长度。单位为 cm。

5.13 叶色

采取樟树成熟叶片，采用目测法，观察叶片正面颜色。

1 浅绿
2 绿
3 浓绿
4 微红
5 其他

5.14 叶形

以 5.9 采集的材料为样本，采用目测的方法，观察叶片的性状，比对叶形模式图。

1 卵圆形
2 倒卵圆形
3 椭圆形
4 长椭圆形
5 长卵圆形
6 其他

5.15 叶面平展度

以5.9采集的材料为样本，采用目测的方法，观察叶片叶面平展程度。

1 平展
2 皱褶
3 上卷

5.16 叶尖性状

以5.9采集的材料为样本，采用目测的方法，观察叶片尖端，与叶尖模式图进行对比。

1 急尖
2 渐尖
3 急尾尖
4 渐尾尖
5 其他

5.17 叶基形状

以5.9采集的材料为样本，采用目测的方法，观察叶基的形状，对照叶基状模式图。

1 尖形
2 楔形
3 广楔形
4 广圆形

5.18 侧脉末端形态

以5.9采集的材料为样本，采用目测的方法，观察其侧脉末端是否有交叉现象。

1 交叉
2 不交叉

5.19 叶背被毛

以5.9采集的材料为样本，采用目测的方法，观察樟树叶片背面覆盖毛的多少。

0 无

1 稀疏

2 中等

3 密

5.20 叶面被毛

以5.9采集的材料为样本，采用目测的方法，观察樟树叶片正面覆盖毛的多少。

0 无

1 稀疏

2 中等

3 密

5.21 叶腺

以5.9采集的材料为样本，采用目测的方法，观察樟树叶脉上腺窝的有无。

0 无

1 有

5.22 花序类型

盛花期采集花药刚裂开时的花序，采用目测的方法，观察樟树花排列在花序梗上的情况，对照花序模式图进行对比。

1 圆锥花序

2 聚伞花序

3 聚伞圆锥花序

5.23 花序被毛

盛花期采集花药刚裂开时的花序，采用目测的方法，观察花序是否被毛情况。

0 无

1 有

5.24 花序分枝数量

盛花期采集花药刚裂开时的花序，采用目测的方法，观察花序轴上着生小花序梗的数量。单位为枝。

5.25 花序长度

盛花期采集花药刚裂开时的花序，测量花序总梗基部到花序顶端的长度。单位为 cm。

5.26 花序花数

盛花期采集花药刚裂开时的花序，采用目测的方法，观察花序上着生花朵的数量。单位为朵。

5.27 果形

果实成熟期，取树冠外围中部成熟果 10 个，采取目测法观察其形状。

1 卵球形

2 近球形

3 其他

上述没有列出的果实的其他形状，需要另外给予详细的描述和说明。

5.28 果实大小

以 5.27 中采集的所有果实为观察对象，用游标卡尺或果实测量盒测量，取平均值。单位为 cm，精确到 0.1 cm。

根据果实大小的平均值，参考下列标准，确定种质的果实大小。

1 小 （<0.5 cm）

2 中 （0.5～1.0 cm）

3 大 （>1.0 cm）

5.29 果序果数

采集果实成熟期果序，采取目测法观察果序上的果实数量。单位为颗。

5.30 果托

以 5.27 中采集的所有果实为观察对象，用游标卡尺测量果托的长短，取平均值。单位为 cm，精确到 0.1 cm。

根据果托长的平均值，参考下列标准，确定果托的长度。

1 短 （果托长 <0.4 cm）

2 中 （果托长 0.4～0.6 cm）

3 长 （果托长 >0.6 cm）

5.31 果实颜色

以 5.27 中采集的所有果实为观察对象，采用目测法，观察果实的颜色，与标准比色卡的颜色进行比对。

1 红紫色

2 绿色

3 黑色

4 其他

5.32 种子表皮

以 5.27 中采集的所有果实为观察对象，采用目测法，观察种子表面的形态。

1 凹凸不平

2 平滑

5.33 繁殖特性

樟树的繁殖方式。

1 实生
2 嫁接
3 嫩枝扦插
4 硬枝扦插
5 压条
6 根插
7 组织培养
8 分株
9 其他

5.34 分枝能力

选取3株生长正常的植株，采用目测的方法，观察树体生长过程中分枝的能力。

1 低
2 中等
3 强

5.35 萌芽期

于早春采用目测的方法，观察整个植株，5%叶芽鳞片开始分离，其间露出浅色痕迹的时间。以“月日”表示，格式为“MMDD”。

5.36 始花期

于大蕾期采用目测的方法，观察整个植株，5%花全部开放的时间。以“月日”表示，格式为“MMDD”。

5.37 盛花期

于开花期采用目测的方法，观察整个植株，25%花全部开放的时间。以“月日”表示，格式为“MMDD”。

5.38 末花期

于开花期采用目测的方法，观察整个植株，75%花全部开放的时间。以“月日”表示，格式为“MMDD”。

5.39 果实成熟期

于果实成熟期采用目测的方法，观察整个植株，以25%果实成熟的时间，其大小、性状、颜色等表现出该品种固有的性状。以“月日”表示，格式为“MMDD”。

6 品质特性

6.1 叶片精油含量

取树冠外围中部干净新鲜叶片称重(M)，采用水蒸气蒸馏法进行精油提取6小时，直至油量不再增加。油水充分分离后，油层称重(m)，以m/M×100%计算得油率。以百分数(%)表示，精确到0.1%。

6.2 桉叶油素含量

量取6.1所得油层先经无水乙醇充分溶解，再经无水硫酸镁干燥后，进行化学成分检测。采用GC-MS检测手段结合nist化学普库检索的方法，对精油化学成分进行测定，利用峰面积归一法测定精油中桉叶油素含量相对百分含量。以百分数(%)表示，精确到0.1%。

6.3 叶片芳樟醇含量

量取6.1所得油层先经无水乙醇充分溶解，再经无水硫酸镁干燥后，进行化学成分检测。采用GC-MS检测手段结合nist化学普库检索的方法，对精油化学成分进行测定，利用峰面积归一法测定精油中芳樟醇含量相对百分含量。以百分数(%)表示，精确到0.1%。

6.4 叶片樟脑含量

量取6.1所得油层先经无水乙醇充分溶解，再经无水硫酸镁干燥后，进行化学成分检测。采用GC-MS检测手段结合nist化学普库检索的方法，对精油化学成分进行测定，利用峰面积归一法测定精油中樟脑含量相对百分含量。以百分数(%)表示，精确到0.1%。

6.5 叶片龙脑含量

量取6.1所得油层先经无水乙醇充分溶解，再经无水硫酸镁干燥后，进行化学成分检测。采用GC-MS检测手段结合nist化学普库检索的方法，对精油化学成分进行测定，利用峰面积归一法测定精油中龙脑含量相对百分含量。以百分数(%)表示，精确到0.1%。

6.6 叶片松油醇含量

量取6.1所得油层先经无水乙醇充分溶解，再经无水硫酸镁干燥后，进行化学成分检测。采用GC-MS检测手段结合nist化学普库检索的方法，对精油化学成分进行测定，利用峰面积归一法测定精油中松油醇含量相对百分含量。以百分数(%)表示，精确到0.1%。

6.7 叶片异橙花椒醇

量取6.1所得油层先经无水乙醇充分溶解，再经无水硫酸镁干燥后，进行化学成分检测。采用 GC-MS 检测手段结合 nist 化学普库检索的方法，对精油化学成分进行测定，利用峰面积归一法测定精油中异橙花椒醇含量相对百分含量。以百分数(%)表示，精确到0.1%。

7 抗逆性

7.1 抗寒性(参考方法)

在冬季深休眠季节，从成年树上采集树冠外围中上部生长健壮的一年生枝条，室内用自来水冲洗，蒸馏水浸洗。按照品种、处理装入小塑料袋中(每处理的数量不少于 10 支)，置于一定低温冰箱中(－16℃、－18℃、－20℃、－22℃、－24℃、－26℃、－28℃、－30℃)冷冻 24 小时，升温和降温速率为4℃/h。用萌芽生长法和组织褐变法评价叶芽和花芽受害程度。

萌芽催长法：将前述冷冻后的枝段沙藏在0℃左右的湿砂中。通过自然休眠后，插于温室催芽(昼25℃/夜16℃)，20 天后统计各品种在不同处理温度下叶芽及花芽死亡率。每次处理统计至少 100 个叶芽(或花芽)，重复 2 次，用 Logistic 方程求各品种芽致死温度。

根据寒害症状将抗寒性分为 6 级。

级别	半致死温度
1 极强	< －26℃
2 强	－26～－23℃
3 中	－23～－20℃
4 弱	－20～－17℃
5 极弱	≥－17℃

组织褐变法：冷冻砂藏后的枝段，每品种选 5 个枝条，用徒手切片纵切枝条的第五节位，切 10 个 0.5 cm×0.2 cm 的薄片，镜检枝条不同组织在低温处理后的褐变程度，按 1(未变)、2(轻变)、3(中变)、4(重变)、5(极重)共 5 个等级统计分析，以在该温度下 1 或 3 级褐变指数反映品种的耐寒温度

7.2 耐涝性

鉴定方法：水分过多造成植株叶片萎蔫、发黄，严重时导致植株死亡。樟树耐涝性鉴定主要鉴定苗期忍受土壤湿涝的能力。

用福尔马林消毒的泥土和草碳 5∶1 混合物作为盆栽基质，盆钵上口径 20 cm以上，每份种质设 3 次重复，每重复至少 10 株苗，苗木高度、粗度基本一致。春季，在幼苗长至 20 cm 左右时，将盆钵移至有遮雨设施的防渗苗床内，往苗床内灌水，水面超过盆内基质面 5 cm，使试材始终处于水淹状态，

以正常管理植株为对照。水淹 20 天后(如果在夏季进行鉴定应适当缩短水淹时间，或根据受害情况确定水淹时间)，对试材受害程度进行调查。

根据涝害症状将涝害分为 6 级。

级别	涝害症状
0	与对照无差异，无障碍症状
1	20% 叶片受害
2	21%～35% 叶片受害
3	36%～50% 叶片受害
4	51%～65% 叶片受害
5	65% 以上叶片

根据受害级别计算涝害指数，计算公式为：

$$WI = \sum (s_i n_i) / 5N \times 100$$

其中：WI—涝害指数,%

s_i—为害级别

n_i—各级为害株数

i—涝害的各个级别

N—调查总株数

级别		涝害指数
1	极强	＜30%
2	强	30%～50%
3	中	50%～60%
4	弱	60%～70%
5	极弱	≥70%

8 抗病虫性

8.1 樟树梢卷叶蛾虫害抗性

观测部位：整个植株。

观测方法：目测新梢感染卷叶蛾的数量和程度，对于抗性种质要进行人工接种鉴定：3 月份，选取长势正常的植株，每株选择长势中庸的新梢 10 个，每个新梢接种卷叶蛾 500～600 只，然后用银灰色防虫网罩住，一周后进行抗性调查。

根据症状病情分为 6 级。

级别	症状
1	未发现卷叶蛾
2	有卷叶蛾但未造成为害
3	轻微为害，仅有少量卷叶
4	为害较重，卷叶数量超过新梢叶量的 50%
5	为害极重，所有新梢叶均卷曲

根据受害级别计算虫害指数，计算公式为：

$$DI = \sum (s_i n_i)/5N \times 100$$

其中：DI—虫害指数，%

s_i—为害级别

n_i—各级为害新梢数

i—虫害的各个级别

N—调查总株数

级别		虫害指数
1	高抗(HR)	<20%
2	抗病(R)	20%～40%
3	中抗(MR)	40%～60%
4	感病(S)	60%～80%
5	高感(HS)	≥80

8.2 白粉病抗性

鉴定方法：用波美 0.3 ~ 0.5°Be 的石硫合剂喷射樟树叶片。每隔一周观测樟树叶片白粉病的情况。根据症状病情分为 6 级。

级别	症状
1	全株正常，无白粉病
2	有白粉病但未造成为害
3	轻微为害
4	为害较重
5	为害极重

根据受害级别计算病害指数，计算公式为：

$$DI = \sum (s_i n_i)/5N \times 100$$

其中：DI—病害指数，%

s_i—为害级别

n_i—各级为害株数

i—病害的各个级别

N—调查总株数

根据症状病情分为 6 级。

级别		病情指数
1	高抗(HR	(病情指数 < 15%)
2	抗病(R)	(15% ≤病情指数 < 20%)
3	中抗(MR)	(20% ≤病情指数 < 35%)
4	感病(S)	(35% ≤病情指数 < 50%)
5	高感(HS)	(病情指数≥50%)

9 其他特征特性

9.1 花粉粒

利用电子显微镜观察樟树种质花粉粒的形状、大小和外壁纹饰。

9.2 指纹图谱与分子标记

对进行过指纹图谱分析和重要性状分子标记的樟树种质，记录分子标记的方法，并在备注栏内注明所用引物、特征带的分子量大小或序列以及所标记的性状和连锁距离。

9.3 核型

采用细胞遗传学方法对染色体的数目、大小、形态和结构进行鉴定。以核型公式表示，例如：2n = 16。

9.4 备注

樟树种质特殊描述符或特殊代码的具体说明。

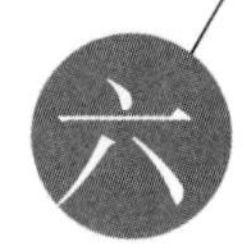

樟树种质资源数据采集表

1 基本信息					
资源流水号(1)		资源编号(2)			
种质名称(3)		种质外文名(4)			
科名(5)		科拉丁名(6)			
属名(7)		属拉丁名(8)			
种名或亚种名(9)		种拉丁名(10)			
原产地(11)		省(自治区、直辖市)(12)		国家(13)	
来源地(14)					
归类编码(15)					
资源类型(16)	1:野生资源(群体、种源) 2:野生资源(家系) 3:野生资源(个体、基因型) 4:地方品种 5:选育品种 6:遗传材料 7:其他				
主要特性(17)	1:高产 2:优质 3:抗病 4:抗虫 5:抗逆 6:高效 7:其他				
主要用途(18)	1:材用 2:食用 3:药用 4:防护 5:观赏 6:其他				
气候带(19)	1:热带 2:亚热带 3:温带 4:寒温带 5:寒带				
生长习性(20)	1:喜光 2:耐盐碱 3:喜水肥 4:耐干旱				
开花结实特性(21)		特征特性(22)			
具体用途(23)		观测地点(24)			
繁殖方式(25)	1:有性繁殖(种子繁殖) 2:有性繁殖(胎生繁殖) 3:无性繁殖(扦插繁殖) 4:无性繁殖(嫁接繁殖) 5:无性繁殖(根蘖) 6:无性繁殖(分蘖繁殖)				
选育单位(26)		育成年份(27)			
海拔(28)	m	经度(29)		纬度(30)	

（续）

土壤类型(31)		生态环境(32)	
年均温度(33)	℃	年均降水量(34)	mm
2 其他描述信息			
图像(35)		记录地址(36)	
3 保存单位信息			
保存单位(37)		单位编号(38)	
库编号(39)		引种号(40)	
采集号(41)		保存时间(42)	
保存材料类型(43)	1:植株　2:种子　3:营养器官(穗条、根穗等)　4:花粉　5:培养物(组培材料)　6:其他		
保存方式(44)	1:原地保存　2:异地保存　3:设施(低温库)保存		
实物状态(45)	1:良好　2:中等　3:较差　4:缺失		
4 共享信息			
共享方式(46)	1:公益性　2:公益借用　3:合作研究　4:知识产权交易　5:资源纯交易　6:资源租赁　7:资源交换　8:收藏地共享　9:行政许可　10:不共享		
获取途径(47)	1:邮递　2:现场获取　3:网上订购　4:其他		
联系方式(48)			
源数据主键(49)		关联项目(50)	
5 形态特征和生物学特性			
生活型(51)	1:乔木　2:小乔木	植株冠形(52)	1:圆头形　2:塔形
生长势(53)	1:弱　2:中　3:强	腋芽着生状(54)	1:单生　2:并生
老枝皮色(55)	1:浅褐色　2:褐色　3:深褐色　4:灰绿色　5:其他	老枝皮腺(56)	0:无　1:有
新梢颜色(57)	1:黄绿　2:绿　3:微红　4:红　5:紫红　6:其他		
嫩叶正面颜色(58)	1:黄绿　2:绿　3:微红　4:红　5:紫红　6:其他		
叶柄长(59)	cm	叶长(60)	cm
叶宽(61)	cm	三出脉离基长度(62)	cm
叶色(63)	1:浅绿　2:绿　3:浓绿　4:微红　5:其他		
叶形(64)	1:卵圆　2:倒卵圆　3:椭圆　4:长椭圆　5:长卵圆　6:其他		
叶片平展度(65)	1:平展　2:皱褶　3:上卷		
叶尖形状(66)	1:急尖　2:渐尖　3:急尾尖　4:渐尾尖　5:其他		
叶基形状(67)	1:尖形　2:楔形　3:广楔形　4:广圆形		
侧脉末端形态(68)	1:交叉　2:不交叉	叶背被毛(69)	0:无　1:稀疏:　2:中等　3:密
叶面被毛(70)	0:无　1:稀疏　2:中等　3:密	叶腺(71)	0:无　1:有

（续）

花序类型(72)	1:圆锥花序　2:聚伞花序 3:聚伞圆锥花序	花序:毛(73)	0:无　1:有
花序分枝数量(74)		花序长度(75)	cm
花序花数(76)			
果形(77)	1:卵球形　2:近球形　3:其他		
果实大小(78)	1:小　2:中　3:大		
果序果数(79)			
果托(80)	1:短　2:中　3:长		
果实颜色(81)	1:红紫色　2:绿色　3:黑色　4:其他		
种子表皮(82)	1:凹凸不平　2:平滑		
繁殖特性(83)	1:实生　2:嫁接　3:嫩枝扦插　4:硬枝扦插　5:压条　6:根插　7:组织培养 8:分株　9:其他		
分枝能力(84)	1:低　2:中等　3:强	萌芽期(85)	月 日
始花期(86)	月 日	盛花期(87)	月 日
末花期(88)	月 日	果实成熟期(89)	月 日
叶精油含量(90)	1:低　2:中　3:高	精油:桉叶油素含量(91)	1:低　2:中　3:高
精油:芳樟醇含量(92)	1:低　2:中　3:高	精油:樟脑含量(93)	1:低　2:中　3:高
精油:龙脑含量(94)	1:低　2:中　3:高	精油:松油醇含量(95)	1:低　2:中　3:高
精油:异橙花椒醇(96)	1:低　2:中　3:高		
6 抗逆性			
耐寒性(97)	1:极强　2:强　3:中　4:弱　5:极弱		
耐涝性(98)	1:极强　2:强　3:中　4:弱　5:极弱		
7 抗病虫性			
樟树梢卷叶蛾虫害抗性(99)	1:高抗　2:抗病　3:中抗　4:感病　5:高感		
白粉病抗性(100)	1:高抗　2:抗病　3:中抗　4:感病　5:高感		
8 其他特征特性			
花粉粒(101)			
指纹图谱与分子标记(102)			
核型(103)			
备注(104)			

樟树种质资源调查登记表

<table>
<tr><td>调查人</td><td colspan="2"></td><td colspan="2">调查时间</td><td colspan="4"></td></tr>
<tr><td>采集资源类型</td><td colspan="8">□野生资源（群体、种源） □野生资源（家系）
□野生资源（个体、基因型） □地方品种 □选育品种
□遗传材料 □其他______</td></tr>
<tr><td>采集号</td><td colspan="2"></td><td colspan="2">照片号</td><td colspan="4"></td></tr>
<tr><td>地点</td><td colspan="8"></td></tr>
<tr><td>北纬</td><td colspan="2">° ′ ″</td><td colspan="2">东经</td><td colspan="4">° ′ ″</td></tr>
<tr><td>海拔</td><td colspan="2">m</td><td colspan="2">坡度</td><td colspan="2">°</td><td>坡向</td><td></td></tr>
<tr><td>土壤类型</td><td colspan="8"></td></tr>
<tr><td>生活型</td><td colspan="8">□乔木 □小乔木</td></tr>
<tr><td>植株冠形</td><td colspan="8">□圆头形 □塔形</td></tr>
<tr><td>生长势</td><td colspan="8">□弱 □中 □强</td></tr>
<tr><td>老枝皮色</td><td colspan="8">□浅褐色 □褐色 □深褐色 □灰绿色 □其他______</td></tr>
<tr><td>新梢颜色</td><td colspan="8">□黄绿 □绿 □微红 □红 □紫红 □其他____</td></tr>
<tr><td>叶色</td><td colspan="8">□浅绿 □绿 □浓绿 □微红 □其他______</td></tr>
<tr><td>叶形</td><td colspan="8">□卵圆 □倒卵圆 □椭圆 □长椭圆 □长卵圆 □其他____</td></tr>
<tr><td>叶尖形状</td><td colspan="8">□急尖 □渐尖 □急尾尖 □渐尾尖 □其他____</td></tr>
<tr><td>叶基形状</td><td colspan="8">□尖形 □楔形 □广楔形 □广圆形</td></tr>
<tr><td>树龄</td><td>年</td><td>树高</td><td>m</td><td colspan="3">胸径/基径</td><td colspan="2">cm</td></tr>
<tr><td>冠幅（东西×南北）</td><td colspan="8">m</td></tr>
<tr><td>其他描述</td><td colspan="8"></td></tr>
<tr><td>权属</td><td colspan="2"></td><td colspan="3">管理单位/个人</td><td colspan="3"></td></tr>
</table>

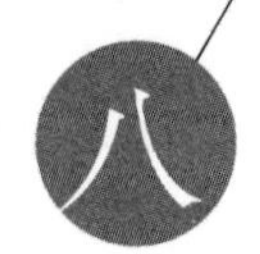

樟树种质资源利用情况登记表

<table>
<tr><td>种质名称</td><td colspan="5"></td></tr>
<tr><td>提供单位</td><td></td><td>提供日期</td><td></td><td>提供数量</td><td></td></tr>
<tr><td>提供种质类型</td><td colspan="5">野生资源(群体、种源)□　野生资源(家系)□　野生资源(个体、基因型)□
地方品种□　选育品种□　遗传材料□　其他□</td></tr>
<tr><td>提供种质形态</td><td colspan="5">植株(苗)□　果实□　种子□　根□　茎(插条)□　叶□
芽□　花(粉)□　细胞□　组织□　DNA□　其他□</td></tr>
<tr><td>资源流水号</td><td></td><td>资源编号</td><td colspan="3"></td></tr>
<tr><td colspan="6">提供种子的优异性及利用价值:</td></tr>
</table>

<table>
<tr><td>利用单位</td><td></td><td>利用时间</td><td></td></tr>
<tr><td>利用目的</td><td colspan="3"></td></tr>
<tr><td colspan="4">利用途径:</td></tr>
<tr><td colspan="4">取得实际利用效果:</td></tr>
</table>

参考文献

[1]王琳,肖立诚,周玉梅. 保护与开发林木种质资源的意义及方法[J]. 绿色科技,2010,(6):11-12.

[2]顾万春. 中国林木种质资源保存、研究与对策[C]. 中国生物多样性保护与研究进展. 2002.

[3]中国科学院植物志编委会. 中国植物志—樟科(第31卷)[M]. 北京:科学出版社,1982.

[4]戴宝合. 野生植物资源学[M]. 北京:农业出版社,1993.

[5]中国油脂植物编写委员会. 中国油脂植物[M]. 北京:科学出版社,1987.

[6]石腕阳,何伟,文光裕,等. 樟树精油成分和类型划分[J]. 植物学报,1989,31(3):209-214.

[7]徐有明,江泽慧,鲍春红,等. 樟树5个品系精油组成含量和木材性质的比较研究[J]. 华中农业大学学报,2001,20(5):484-488.

[8]杨悦. 樟树器官解剖[J]. 北京师范学院学报:自然科学版,1989,10(3):44-50.

[9]刘银苟. 吉安地区樟树类型资源调查报告[J]. 江西林业科技,1991(3):13-16.

[10]王建军. 香樟新品种'涌金'[J]. 林业科学,2010,46(8):181.

[11]曾令海,连辉明,张谦,等. 樟树资源及其开发利用[J]. 广东林业科技,2012,28(3):62-66.

[12]连辉明,曾令海,蔡燕灵,等. 樟树优树生长与叶果形状分析[J]. 广东林业科技,2012,28(2):9-15.

[13]程必强,喻学俭,丁靖恺,等. 中国樟属植物资源及其芳香成分[M]. 昆明:云南科技出版社,1997.

[14]周荣汉. 药用植物化学分类学[M]. 上海:上海科学技术出版社,1988.

[15]朱善峰. 我国樟属精油资源研究近况[J]. 植物资源与环境,1994,3(2):51-55.

[16]张国防,陈存及,赵刚. 樟树叶油地理变异的研究[J]. 植物资源与环境学报,2006,15(1):22-25.

[17]陈红梅,孙凌峰. 江西吉安龙脑樟资源开发与利用前景[J]. 林业科学,2006,42(3):94-98.

[18]龙光远,彭招兰,郭德选,等. 龙脑樟矮林作业技术和效益分析[J]. 林业科技开发,2000,14(6):30-31.

[19]曹一化,刘旭. 自然科技资源共性描述规范[M]. 北京:中国科学技术出版社. 2006.

[20] Fujia Y. Fundamental studies of essential oil [J]. The Ogawa Perfumer Times, 1952, 202: 315 - 320.

[21] Fujia Y. *Cinnamomum camphora* Sleb. and its allied species. Their interrelationships considered from the view-points of species characteristics. chemical constituents, geographical distributeon and evolution [J]. Bot. Tokyo, 1952, 80: 261 - 271.

[22] Fujia Y. Classification and phylogeny of the genus CW namomum ciewed from the constituents of essential oils [J]. Bot. Tokyo, 1967, 80: 261 - 271.

[23] Hirota N. An examination of the camphor tree and its leaf oils [J]. Perfume and Essential Oil Rec., 1953, 44: 4 - 10.

[24] Peter T D. Infraspecific chemical taxa of medicinal plants [J]. Akademiai Kiado, Budapest, 1970.